KORPORATION DER KAUFMANNSCHAFT VON BERLIN
HANDELS-HOCHSCHULE BERLIN

Chemische Industrie und Volksernährung

Festrede

zur Eröffnung des siebenten Studienjahres am 2. Nov. 1912

von

Professor Dr. A. Binz
Rektor der Handels-Hochschule

Berlin 1913
Druck und Verlag von Georg Reimer

Dem auf Handels-Hochschulen Studierenden sollen für sein Leben Gesichtspunkte mitgegeben werden, von denen aus er sich über die Enge des täglichen Erwerbslebens hinausheben kann und für die Größe der Aufgaben, wie sie eine jede Zeit zu lösen hat, das richtige Augenmaß gewinnt. Es gehört dazu seitens der Dozenten neben der emsigen didaktischen Detailarbeit die Hervorhebung der großen Probleme unseres Wirtschaftslebens, und von einem solchen soll heute die Rede sein: der Volksernährung und der Rolle, welche die chemische Industrie in ihr spielt.

Mit der Volksernährung haben sich alte und neue Zeit in sehr verschiedener Weise abgefunden: die führenden Nationen des Altertums lebten großenteils von Raubbau [1]). Zur Zeit Vespasians knüpfte sich die Macht Roms an den Besitz Ägyptens, der letzten kornproduzierenden Provinz. Das übrige war abgebaut und ausgesogen. Heute dagegen gilt es, wie Roscher gesagt hat, als eine Aufgabe des Staates, zwischen Vorwelt und Nachwelt ein unzertrennliches Band zu knüpfen, also auch nach Möglichkeit dafür zu sorgen, daß spätere Generationen nicht hungern.

Dieser Wandel zwischen früher und jetzt läßt sich in seiner allgemeinsten Form — mathematisch, wenn man so will — darauf zurückführen, daß man im Altertum die Erde für eine Scheibe hielt, deren Ausdehnung unbekannt war und die theoretisch unendlich sein konnte. Auch praktisch kannte man keine Grenzen. Wenn die alten Kulturvölker, oder wenn wandernde Barbarenscharen, Nahrung und Land suchend, ihre Vorstöße machten, gelangten sie in unbekannte Weiten. Seit man

[1]) S. Strakosch, Bodenökonomie und Wirtschaftspolitik. Wien und Leipzig 1908.

aber weiß, daß die Erde keine Ebene, sondern eine Kugel, also in ihrer Oberfläche begrenzt ist, mußte naturgemäß die Frage nach dem Bodenkoeffizienten näherrücken, d. h. nach der landwirtschaftlich nutzbaren Fläche, die auf den einzelnen Menschen entfällt, und nach deren Ertrage. Darüber philosophierte man schon im Mittelalter. In gründlicher Weise aber wurde das Problem erst 1798 durch den englischen Theologen Thomas Robert Malthus untersucht.

Das bekannte Malthussche Buch war ein Gelegenheitswerk, verursacht durch die Schrift eines Schwärmers, welcher ein Rezept gefunden zu haben glaubte, um alle Menschen glücklich zu machen. Das reizte Malthus zur Antwort: eine allgemeine Glückseligkeit sei nicht möglich, denn — und nun kam seine berühmte These — die Nährstoffe ließen sich nur in arithmetischer Progression vervielfachen, die Menschen dagegen vermehrten sich in geometrischer, also viel rascher. Es sei daher eine Notwendigkeit, daß stets ein Teil der Menschheit durch Elend, Krankheit und Krieg zugrunde gehe; andernfalls würde allgemeiner Mangel an Nahrung eintreten. Diesen sehr klaren Ausführungen, wie sie in der ersten Auflage enthalten sind, fügte Malthus in einer späteren noch den utopischen Begriff des moral restreint hinzu, d. h. die Herabdrückung der Geburtsziffern durch eine dem Nahrungsmittelvorrat angemessene Enthaltung im Verkehr der Geschlechter.

Das Buch von Malthus hatte keine direkte praktische Folge, es hat nur eine ausgedehnte Literatur hervorgerufen, die heute immer noch anwächst und welche zeigt, wie bedeutungsvoll das Thema ist, das Malthus angeschnitten hatte. Praktische Konsequenzen ergaben sich für die Volksernährung erst durch die Lebensarbeiten von Thaer und besonders von Liebig.

Der Arzt Albrecht Thaer wurde durch äußere Umstände auf die Landwirtschaft hingewiesen, indem er ein Gut erheiratete, dessen Bewirtschaftung ihn derart interessierte, daß er ganz Landwirt wurde und seit 1798 eine großartige organisatorische und didaktische Tätigkeit entfaltete.

Zu dem, was er geschaffen, fügte im Jahre 1840 Liebig die Lehre vom Kunstdünger, welche von so ausschlaggebender Wichtigkeit wurde, daß die beiden Begriffe Kunstdünger und Volksernährung auf lange Jahre hinaus fast identisch waren und sich zum Teil heute noch decken. Die Entwicklung ist im einzelnen eine sehr weitläufige. Will man sie in Kürze und in ihren interessantesten Momenten darstellen, so kann man anknüpfen an das Wirken von Liebig, von Dr. Frank, des Schöpfers der Kalisalzindustrie, und schließlich auch von Colonel North, des Organisators des Salpeterhandels.

Liebig war im Jahre 1837 von der British association for the advancement of science ersucht worden, „einen Bericht über den Zustand unserer Kenntnisse in der organischen Chemie abzustatten". Es würde das heute ein Referat über die Chemie der Kohlenstoffverbindungen bedeuten. In jener Zeit dagegen konnte das Thema anders aufgefaßt werden, entsprechend folgenden Sätzen: „Die organische Chemie hat zur Aufgabe die Erforschung der chemischen Bedingungen des Lebens und der vollendeten Entwicklung aller Organismen. Das Bestehen aller lebenden Wesen ist an die Aufnahme gewisser Materien geknüpft, die man Nahrungsmittel nennt; sie werden in dem Organismus zu seiner eigenen Ausbildung und Reproduktion verwendet. Die Kenntnis der Bedingung ihres Lebens und Wachstums umfaßt demnach die Ausmittlung der Stoffe, welche zur Nahrung dienen, die Erforschung der Quellen, woraus diese Nahrung entspringt, und die Untersuchung der Veränderungen, die sie bei ihrer Assimilation erleiden."

Mit diesen Worten begann Liebig seinen Bericht, welcher in Buchform unter dem Titel „Die organische Chemie in ihrer Anwendung auf Agrikultur und Physiologie" erschien (Braunschweig 1840). Als Referent hätte er sich damit begnügen können, bekannte Dinge, die in der Literatur verstreut waren, übersichtlich zu ordnen und kurz vorzutragen. Nicht so Liebig. Sein Buch enthält allerdings experimentelle Daten, Analysen von Pflanzen und Bodenarten, die bereits gedruckt vorlagen. Aber aus diesem bis dahin chaotischen wissenschaftlichen Material zog er Schlüsse von größter Originalität und Bedeutung. Er antwortete zum ersten Male [1]) richtig und in den Umrissen auch schon erschöpfend auf die Frage: Wovon leben die Pflanzen? Die Antwort lautete: Die Pflanzen nähren sich nicht, oder nicht vorzugsweise, wie Thaer lehrte, vom Humus, denn dieser ist ein Verwesungsprodukt der Vegetation, also eine Folge derselben. Der Pflanzenorganismus baut sich vielmehr auf mit Hilfe der Kohlensäure der Luft, des Stickstoffs in Form von atmosphärischem Ammoniak und des daraus im Boden entstehenden Salpeters und derjenigen anorganischen Bestandteile der Ackererde, die man bei der Analyse der veraschten Pflanzen wiederfindet, und als deren wichtigste Liebig Kalisalze und Phosphate bezeichnet. Es werde eine Zeit kommen, sagte er, wo man diese Stoffe in chemischen Fabriken darstelle.

Bei dem, was sich nach dem Erscheinen des Liebigschen Buches ereignete, schoben sich zwei Vorgänge übereinander: einmal die Wirkung des Buches, welches leidenschaftliche Diskussionen und im Jahre 1842 auch die Fabrikation desjenigen Kunstdüngers hervorrief, den man Superphosphat [2]) nennt; zweitens der Fortbestand eines bereits vorhandenen Kunstdüngergewerbes. Dasselbe war sehr alt: Die Römer düngten mit Holzasche, also mit Kaliumkarbonat, zu dessen Darstellung und Anwendung ausführliche Vorschriften gegeben wurden [3]). Die Inkas brachten den stickstoff-, phosphor- und kalihaltigen Guano auf ihre Äcker, dessen Anwendung in Peru in der Folgezeit allgemein blieb. Auch das Wort Kunstdünger für anorganische Salze wie Salpeter, Gips und andere

---

[1]) Mit einer gewissen Einschränkung. Der Braunschweiger Forscher Karl Sprengel kann als Vorläufer Liebigs angesehen werden, s. O. Lemmermann, Die Entwicklung der Agrikulturchemie und ihr Einfluß auf die Landwirtschaft. Berlin 1913. Festrede an der Landwirtschaftlichen Hochschule zu Berlin am 25. Januar 1913.

[2]) Wichelhaus, Wirtschaftliche Bedeutung chemischer Arbeit, S. 22. Braunschweig. 1893.

[3]) Scriptores rei rusticae veteres latini. Herausgegeben von J. M. Gesner. Leipzig 1735; s. im Index bei Cineres.

taucht schon vor Liebigs Zeit auf [1]). Im letzten Viertel des 18. Jahrhunderts begann die Einfuhr von Knochen, also von Kalziumphosphat, als Düngemittel nach England [2]). Über alle diese Stoffe machte man sich die unklare und falsche Vorstellung, es seien Reizmittel für die Bodenkraft ähnlich wie bei der menschlichen Nahrung die Gewürze. Man wußte nicht, daß ein unmittelbares, großes und von Fall zu Fall verschiedenes Bedürfnis vorliegt. Man düngte darum qualitativ und quantitativ unrichtig und ungenügend. Aber es war doch ein Kunstdüngergewerbe, und dieses erhielt durch Liebigs Buch einen neuen Aufschwung. Die erste Folge war 1841 der Export von Guano [3]).

Die Liebigsche Lehre wirkte also — aber nicht im Sinne ihres Urhebers, insofern als die Landwirtschaft nicht dauernd auf eine gesunde Basis gestellt wurde; denn die Hauptwaren des damaligen Düngerhandels, Guano und Knochenphosphate, waren nichts weniger als unerschöpflich. Guano gab es nur an einer einzigen Stelle der Erde. Knochenvorräte in großen, für alle Länder ausreichenden Mengen waren nicht vorhanden, und das Vorhandene bildete zudem das Handelsmonopol der Engländer, gegen die sich Liebig in der 7. Auflage seines Buches [4]) im Jahre 1862 mit seinem ganzen Zorne wandte. Die britische Knochenindustrie war allerdings eine sehr eigenartige. Nicht nur tierische Knochen wurden aufgekauft, sondern man durchwühlte auch die Katakomben Siziliens und sogar die Schlachtfelder von Leipzig, Waterloo und der Krim — eine Pietätlosigkeit, die noch in den siebziger Jahren in der englischen Presse selber gerügt wurde. In allen Ländern suchten britische Agenten die Knochen. Wie ein Vampyr —

---

[1]) Vgl. C. Fraas, Geschichte der Landbau- und Forstwissenschaft S. 192. München 1865.

[2]) v. Liebig, Einleitung in die Naturgesetze des Feldbaues, S. 27. Braunschweig 1862.

[3]) Wichelhaus a. a. O.

[4]) Erschien in zwei Bänden, deren erster die schon zitierte „Einleitung in die Naturgesetze des Feldbaus“ war.

sagte Liebig — hängt England am Nacken Europas. Die ganze Landwirtschaft beruhe auf frevelhaftem Raubbau, und unvermeidlich sei die Katastrophe: die immer weitergehende Erschöpfung der Felder und schließlich der Weltenhunger, der in der Geschichte der Völker schon einmal eingetreten sei, indem der Untergang von Hellas und Rom auf der Ausbeutung und Nichterneuerung der pflanzenernährenden Bodenstoffe beruht habe. Nur ein Gegenmittel gebe es, die restlose Aufsaugung aller Fäkalmassen in jedem Lande und Rückführung auf die Äcker. Es sollten so die Nährsalze des Erdreichs einen Kreislauf vollführen: aus den Äckern in die Pflanzen, aus ihnen in Tiere und Menschen und aus deren Ausscheidungen wieder auf die Äcker zurück. Für sündhaft dagegen erklärte Liebig die Einführung der englischen Waterclosets und damit die Wegspülung der dem Acker entzogenen Stoffe ins Meer.

Ob der Liebigsche Vorschlag allgemein ausführbar wäre, ist trotz mannigfacher seither angestellter Versuche mit Rieselfeldern und getrockneten Exkrementen, der sogenannten Poudrette, bis auf den heutigen Tag zum mindesten zweifelhaft. Und so stand tatsächlich die Menschheit zu Beginn der zweiten Hälfte des vorigen Jahrhunderts vor einer Katastrophe, vor einer Teuerung, wie sie noch nicht dagewesen war. Denn auf der einen Seite wuchs die Bevölkerungszahl, auf der andern schwand vor dem Andringen industrieller Gründungen diejenige Erdoberfläche, die dem Ackerbau diente; und dessen Erträgnisse mußten mit mathematischer Sicherheit durch Erschöpfung von Guano- und Knochenvorräten zurückgehen.

Inzwischen aber war ein Ereignis eingetreten, von dem man ohne Übertreibung sagen kann, daß kaum jemals in der ganzen Wirtschaftsgeschichte die Menschheit solches Glück gehabt hat. Es war die Aufschließung ungeheurer Düngervorräte in Form der Staßfurter Kalisalze, durch welche heute die Felder aller zivilisierten Länder ebenso befruchtet werden wie einst durch den Nilschlamm. Das ist nicht etwa ein Gleichnis, sondern stimmt wörtlich. Der Nil fließt durch leicht zersetzliches Gestein; aus diesem stammend enthält er im Liter 4 bis 15

Milligramm Kali in löslicher Form an Phosphorsäure, Salpetersäure und Kohlensäure gebunden, und außerdem im Schlamm noch beträchtliche Mengen suspendierten Kalifeldspats [1]). Es ist dasselbe Kali, welches in anderer und viel konzentrierterer Form in den Staßfurter Bergwerken vorkommt.

Dieses Vorkommen in solcher Mächtigkeit ist ein ganz singuläres. Nur unter einzigartigen geologischen Bedingungen konnten sich diese Lager bilden. Ein Zufall führte zur Entdeckung: Es mangelte in den vierziger Jahren in Preußen an Salz, weil die Salinen zu unergiebig waren. Man bohrte in Staßfurt auf Kochsalz und fand auch solches, aber erst in großer Tiefe und darüber gelagert Kalisalze, mit denen man nichts anzufangen wußte, und die man darum als „Abraumsalze“ auf die Halde warf. Das geschah seit 1851.

Diese Mißachtung eines der kostbarsten Düngestoffe hielt 10 Jahre lang an und war nur dadurch möglich, daß Liebigs Lehre im einzelnen noch nicht so weit ausgereift war, um die ihr erstandenen leidenschaftlichen Gegner zum Schweigen zu bringen. Um so größer ist das Verdienst des Mannes, welcher die Situation richtig erfaßte.

Der junge Chemiker Dr. Adolph Frank arbeitete in einer Staßfurter Zuckerfabrik. Er kannte als Zuckerchemiker den Kaligehalt der Rübe, glaubte als überzeugter Schüler Liebigs an dessen Lehre und machte Düngeversuche mit Staßfurter Rohsalz. Der Erfolg blieb aus, bis Frank das Rohsalz von dem der Pflanze nicht zuträglichen Magnesiumchlorid befreite und nunmehr reines Kaliumsalz anwandte. Zur Durchführung der Reinigung im Großen gehörte eine Fabrik. Frank erbat dafür unter eingehender Begründung eine Unterstützung seitens der preußischen Bergverwaltung. Es war das im Jahre 1860 [2]). Die Antwort lautete, die Behörde interessiere sich

---

[1]) H. G. Lyons, The physiography of the river Nile and its basin. S. 329, 332. Cairo 1906.

[2]) S. den Wortlaut der Eingabe an die Behörde und andere interessante Einzelheiten in Franks Vortrag über „Anfang und Entwicklung des Kalibergbaus und der Kaliindustrie“. Verhandlungen d. Ver. z. Beförd. d. Gewerbefleißes Bd. 81,S. 233 (1902).

zwar lebhaft für die Angelegenheit, sei aber nicht in der Lage, Mittel dafür zur Verfügung zu stellen, und gebe anheim, sich mit Privatkapitalisten in Verbindung zu setzen. Frank wandte sich nun an seine Direktion in der Zuckerfabrik, dort aber verweigerte man ihm die Beihilfe mit der mattherzigen Begründung, daß, wenn die Abraumsalze solch hohen Wert hätten, die großen chemischen Fabriken sich sicher damit beschäftigen würden. Jetzt gab Frank, obgleich ohne Mittel, seine Stellung auf und suchte in Berlin für seine Idee zu wirken. Indessen mißtraute man auch hier infolge einer erst kürzlich überstandenen großen Finanzkrisis allen industriellen und bergbaulichen Unternehmungen, und erst 1861 fand Frank bei der Hamburger Firma Philip und Speyer Leute mit offenem Kopf und insofern auch mit offenem Beutel, als man ihm „unter ziemlich schweren Bedingungen" das Kapital für eine kleine Kalisalzfabrik zur Verfügung stellte. Der Erfolg war ein derartiger, daß das bisherige Mißtrauen sich in einen mehr als erwünschten Kredit in Form einer ganzen Reihe von Konkurrenzwerken verwandelte. 1862 gab es deren bereits vier, 1864 achtzehn, 1872 dreiunddreißig.

Unter dem Einflusse der Kalisalze stiegen die Erträgnisse der Äcker derart, daß z. B. pro Hektar 2500 kg Roggen geerntet wurden, wo es früher nur 800 gab. Die Erfolge waren so offensichtlich, daß man endlich auch den gewaltigen Vorrat an Stickstoffdünger zu würdigen begann, der, obwohl bekannt, dennoch seit Jahrzehnten fast ungenutzt dalag: den Chilesalpeter.

Der Salpeter findet sich im Erdreich verborgen in einer furchtbaren regenlosen Einöde, die den Entdecker des Salpeters unmöglich dazu veranlassen konnte, in dem Salz eine Quelle der Fruchtbarkeit zu erblicken. Der Name des ersten Entdeckers ist daher nicht mit Sicherheit festzustellen. Vielleicht war es ein Deutscher, Thaddaeus Haenke[1]). Jedenfalls hat

[1]) Semper und Michels, Die Salpeterindustrie Chiles. S. 90. Berlin 1904. Sonstige Angaben in den technologischen Handbüchern sind unvollkommen und unrichtig. Die weitere Entwicklung der chilenischen

dieser im Jahre 1809 ein Verfahren erfunden, um den chilenischen Natronsalpeter in den zur Pulverbereitung notwendigen Kalisalpeter umzuwandeln, welch letzteren man bis dahin künstlich aus faulender organischer Substanz und Pottasche herstellte. Man verwendete ferner Chilesalpeter zur Fabrikation von Schwefelsäure, nicht aber zum Düngen, von einzelnen Versuchen abgesehen. Es fehlte hierzu die notwendige wissenschaftliche Klarheit über den Wert des Salpeters im Vergleiche mit andern Düngestoffen. Vor allem aber fehlte die ausreichende Menge Salpeter, weil dessen fabrikatorische Reinigung und der Handel mit dem raffinierten Naturprodukt nur unvollkommen organisiert waren.

Das ist der Grund, weshalb man an dem Verdienst eines Mannes nicht vorübergehen kann, den man sonst nicht neben Liebig und Frank stellen würde, des Colonel North. Wo er seinen Titel erworben hat, ist nicht recht klar. Er war Kesselarbeiter in Yorkshire und ging 1871 nach Chile, im Dienst eines Unternehmens, welches die regenlosen Küstenplätze mit Schiffladungen von Wasser versorgte. So lernte er auch die unvollkommenen Ansätze der Salpeterindustrie kennen, und mit ungewöhnlicher Energie erhob er sich aus der niederen Sphäre seiner Geburt und weitete die wenigen Salpeterfabriken zu einer solchen Riesenorganisation zusammen, daß sogar zwischen Chile und Peru der Krieg wegen des Besitzes des Salpeterlandes entbrannte. Colonel North, der Salpeterkönig, war es, der dem befruchtenden Strom des Chilesalpeters den Weg zu den Äckern aller Länder eröffnete [1]).

Merkwürdig ist es, wie sich in den Männern, welche in der hier kurz dargelegten Weise die Volksernährung beeinflußt

---

Industrie steht in einem nirgends zitierten vergriffenen und unverdienterweise vergessenen Aufsatze von W. Krull, Studie der Salpeterwüste und ihrer Industrie. Greifswald 1892. Mitteilungen des Naturwiss. Vereins Jahrg. 24. Als Sonderschrift erschienen bei R. Gaertners Verlagsbuchhandlung H. Heyfelder, Berlin 1892.

[1]) Krull a. a. O. Ferner: Elliot, Chile, its history and development. London 1911.

haben, das Jahrhundert spiegelt. Malthus, Thaer und Liebig waren reine Idealisten, die geborenen Lehrer und Belehrer der Menschheit. Sie wirkten durch ihre Bücher, deren Sprache klassisch ist wie die Epoche, aus der sie stammen. Frank und North dagegen haben keine Bücher geschrieben. Frank allerdings, obwohl moderner Industrieller, wirkte als Schüler Liebigs noch in dessen Sinne. North dagegen war lediglich Geschäftsmann und Gründer, ganz einer neuen Zeit angehörig.

Wie sich die Frage der Volksernährung weiter entwickelt hat, soweit Kunstdünger und Landwirtschaft in Betracht kommen, soll hier nur angedeutet werden, um so mehr als die betreffenden Vorgänge aus der jedermann zugänglichen Literatur hinreichend bekannt sind. Es folgten die Entdeckung und Ausnutzung der Mineralphosphate, die Erfindung der Thomasschlacke, die Organisation des Ammoniumsulfathandels, die Erfindung von Kalkstickstoff, Luftsalpeter und die technische Synthese des Ammoniaks. Das sind gewaltige Fortschritte, die aber doch — man möchte sagen — weniger dramatisch errungen wurden als das frühere. Es entwickelte sich vielmehr alles in logischer technischer Durcharbeitung auf dem Boden einer abgeklärten und allgemein anerkannten agrikulturchemischen Lehre.

Grundsätzlich andere Bahnen dagegen hat unsere Kältetechnik eingeschlagen. Seit man Ammoniak und andere billige Gase in Bomben komprimieren kann, benutzt man ihre maschinelle Ausdehnung und Wiederverdichtung zur Erzeugung von Kälte und damit zur Konservierung von überseeischem Fleisch. So wichtig dieses Verfahren auch ist, es bedeutet doch nur eine bessere örtliche Verteilung der Nährstoffmengen, nicht deren prinzipielle Vermehrung. Das letztere wird dagegen von einem andern Teile der chemischen Industrie erstrebt, der allerdings nicht gewaltig dasteht wie die Industrie des Kunstdüngers. Es handelt sich vielmehr um eine erst werdende Erscheinung, die gerade deshalb mehr Beachtung verdient als ihr zuteil wird. Ihr Untergrund ist folgender:

Die Nationalökonomen haben in einer großen Anzahl von Arbeiten darauf hingewiesen, daß man mit den alten Quellen der Ernährung nicht andauernd ausreichen wird, und daß schlimmere Dinge der Menschheit bevorstehen als nur vorübergehende Teuerungen. Aus dem, was sie über das Gesetz des abnehmenden Bodenertrages schreiben, klingt immer wieder die Warnung von Malthus heraus. Um nur eine der jüngsten von diesen Publikationen zu nennen: Ballod[1]) berechnet, daß die Erde nach Maßgabe der landwirtschaftlichen Erträge Nahrung für 2333 Millionen Menschen biete, und daß diese Zahl sich leicht schon in einem Menschenalter werde einstellen können. Dieselbe Notlage kann fast ein jedes Land betreffen, wenn ihm im Kriegsfalle der Nährstoffimport abgeschnitten wird. Es ist also immer noch so wie zu Adams Zeiten, zu dem der Herr sprach: Verflucht sei der Acker um deinetwillen, mit Kummer sollst du dich drauf nähren dein Leben lang (1. Mose 3. 17).

Zu teilweise demselben Ergebnis kommen Physiologen und Ärzte, indem sie den menschlichen Körper als Maschine betrachten und ähnlich dem Ingenieur untersuchen, wieviel Brennstoff man ihr zuführen muß, um sie in Gang zu halten. Den technischen Feuerungsmaterialien sind die Nährstoffe analog, und die Parallele ist so exakt durchführbar, daß sich wie bei jenen die Kalorienzahl, d. h. die Wärmemenge, angeben läßt, die von den verschiedenen Nährstoffen nach der Aufnahme entwickelt wird. So findet man, daß z. B. 100 g beste Kuhmilch 67,1 Kalorien geben, die gleiche Menge mageren Schinkens 141, Weißbrot 287, Butter 811 usw. Mit Hilfe dieser und anderer Zahlen hat man die früher rein gefühlsmäßige Vorstellung von dem, was der Mensch braucht, scharf umgrenzt, indem man den Begriff der „Erhaltungskost" aufstellte, d. h. derjenigen in Kalorien ausgedrückten Nahrung, die pro Kilogramm Körpergewicht und pro Tag eingenommen werden muß, um der menschlichen

[1]) In Schmollers Jahrb. f. Gesetzgebung und Verwaltung des Deutschen Reiches Bd. 36, S. 99 (1912, zweites Heft).

Maschine diejenige Kalorienzahl einzuverleiben, deren sie bedarf, und zwar je nachdem, was sie leisten soll. Es sind bei Zimmerruhe 32 bis 35 Kalorien, bei leichter Arbeit 35 bis 40, bei schwererer 40 bis 45, bei angestrengtester 45 bis 60 [1]). Versucht man auf diese Weise nun in die verschiedenen menschlichen Zustände hineinzuleuchten, in die Haushaltungen der Arbeiter, die Volksküchen, die Gefängnisse, die Truppenverpflegungen und untersucht auf Grund statistischer Feststellung des Nährstoffkonsums, inwieweit die Erhaltungskost erreicht wird, so ist es allerdings wegen des Ineinandergreifens verschiedener Faktoren schwer, abschließende Urteile zu fällen; trotzdem aber stellt sich doch in vielen Fällen als zahlenmäßig faßbarer Begriff die „Unterernährung" heraus [2]), ein Wort, welches früher fast nur ein Schlagwort war. Nachdem so die physiologische Forschung ein vielfach generell vorhandenes Kaloriendefizit festgestellt hat, ist naturgemäß die Frage entstanden: Woher bekommt man die fehlenden Kalorien?

Das ist der Punkt, wo die chemische Industrie einsetzt. Die Fragestellung hat sich also gegen früher gewandelt. Liebig frug: Wie ersetzt man das Nährstoffdefizit der Pflanzen? Heute dagegen heißt es: Wie ersetzt man das Nährstoffdefizit der Menschen?

In der Art, wie die chemische Industrie diese neue Aufgabe zu lösen sucht, steht sie, historisch betrachtet, noch unter dem Banne Liebigs.

Liebig hat bekanntlich versucht, das nahrhafte Prinzip des Fleisches als Extrakt zu gewinnen, indem er Fleisch mit kaltem Wasser auslaugte, das Albumin und den Blutfarbstoff durch Erhitzen zum Gerinnen brachte, durch Filtration abschied und die verbleibende klare Brühe abdampfte. In der Königlichen Leib- und Hofapotheke in München verarbeitete

---

[1]) von Noorden, 7. und 8. Heft Klinischer Abhandlungen. Berlin 1909.

[2]) S. Finkler und Lichtenfelt, Das Eiweiß in Hygiene und Wirtschaft der Ernährung. Bonn 1902. Lichtenfelt, Volksernährung und Teuerung. Stuttgart 1912.

man so im Jahre 1850 1 Zentner Ochsenfleisch. Hiervon hörten die Antwerpener Kaufleute Giebert und Bennert und sie wurden dadurch angeregt, in Argentinien Fleischextrakt fabrikatorisch herzustellen. Sie begannen damit im Jahre 1861 und verarbeiteten im Jahre 1872 in Fray-Bentos schon 150 000 Stück Rinder [1]). Inzwischen hatte E. Kemmerich, ein Schüler des Bonner Physiologen Pflüger, die Wirkung des Fleischextraktes genauer studiert und gefunden, daß es ein vorzügliches Reiz- und Würzmittel, aber nur in beschränktem Maße ein Nährmittel sei [2]). Durch seine Berufung als Professor der Arzneimittellehre an die Universität Montevideo erhielt Kemmerich Gelegenheit, ein besseres Nährmittel aus Fleisch fabrikatorisch herzustellen. Man erhält es als sogenanntes Fleischpepton nach einem Verfahren, das Prof. Kochs in Bonn gefunden hat, durch Erhitzen von Fleischrückständen in geschlossenen Röhren mit Wasserdampf von 115°. Das Fleischpepton wurde zu Anfang der achtziger Jahre einerseits durch Kochs, anderseits von der Liebigs Extract of Meat Company Ltd. unter Kemmerichs Leitung in den Handel gebracht.

Während das kalorienarme Fleischextrakt bekanntlich von vortrefflichem Geschmack ist, schmeckt das Fleischpepton nichts weniger als gut, ist aber trotzdem ein kalorienreicher Eiweißstoff. Fabrikatorisch folgte daraus die wichtige Lehre: Der Nährwert braucht gar nicht da zu sitzen, wo Geschmack und Gewohnheit uns hinweisen. Vielmehr ergibt

[1]) Vgl. Liebig, Chemische Briefe, 1859. 2. Bd., S. 129. — Pettenkofer, Über Nahrungsmittel im allgemeinen und über den Wert des Fleischextraktes. Braunschweig 1873. — W. Schmidt und C. Grotwald, Argentinien in geographischer, geschichtlicher und wirtschaftlicher Beziehung. Hannover 1912.

[2]) Kemmerich, Die physiologische Wirkung der Fleischbrühe. Inaugural-Dissertation. Bonn 1868. Studien über das südamerikanische Fleischextrakt und Fleischpepton, Ztschr. physiolog. Chem. Bd. 18, 1894, Heft 5 und 6; Berl. klin. Wochenschr. 1894, Nr. 10. — N. Zuntz, Über neuere Nährpräparate in physiologischer Beziehung. Ber. d. Deutsch. pharmazeut. Gesellsch. 12. Jahrg, 1902, Heft 9.

die Aufarbeitung und physiologische Prüfung scheinbar minderwertiger Materialien, daß sie wahre Schätze an Nahrung enthalten können.

Von diesem Gesichtspunkt aus ist man in der Folge an die verschiedensten pflanzlichen und tierischen Roh- und Abfallstoffe herangetreten, an Weizenkleber, Getreidekeime, Baumwollsaatmehl, an Rinderblut, Magermilch, Kasein, Fleischrückstände, billige Seefische, und hat aus derartigen Massenmaterialien, die früher kaum verwertet wurden, hochwertige Eiweißpräparate fabriziert, die als Aleuronat, Laktagol, Roborat, Hämogallol, Roborin, Biozitin, Nutrose, Plasmon, Sanatogen, Somatose, Riba, Tropon und unter andern Phantasienamen in den Handel kommen. Eines der neuesten Produkte entstammt der in ungeheuren Mengen überschüssig erzeugte Hefe des Brauereigewerbes, welche mit Sodalösung entbittert wird und dann bei geeigneter Zubereitung ein wohlschmeckendes Nahrungsmittel ist. Delbrück hat berechnet, daß die in Deutschland gewinnbare Hefe 14,4 % des deutschen Fleischbedarfs würde decken können [1]).

Bei all diesen Produkten hat man sich von dem üblichen Begriff des Nährstoffs freigemacht, weil er im Sinne der chemischen Industrie viel zu eng ist. Die Industrie frägt nur nach Kalorien, Haltbarkeit und Reinheit, nicht nach der Gewohnheit der Küche. Insbesondere werden dabei die vielen Eiweißarten gesucht, weil gerade diese Nährstoffe, im Gegensatze zu Fetten, in reiner und trockener Form haltbar sind. Wo also irgendwo tierische oder pflanzliche Eiweißstoffe sind, da sucht man sie von dem Ballast abzutrennen, der sie bisher ungenießbar machte, und bringt den hochwertigen Nährstoff auf den Markt, der zudem so reinlich ist, wie nur eine chemisch hergestellte Substanz rein sein kann. Wenn man nun bedenkt, daß alle pflanzlichen und tierischen Wesen Eiweiß produzieren und nur ein durch die

---

[1]) M. Delbrück, Die Hefe ein Edelpilz. Berlin 1910. — Die Arbeiten des Instituts für Gärungsgewerbe auf dem Gebiete der Hefeverwertung. Berlin 1912.

Gewohnheit ausgewählter Bruchteil davon in die Küche wandert, so begreift man, eine wie ungeheure Verschwendung an Nährstoffkalorien die Menschen treiben, und das um so mehr, als der Nährwert der Eiweißpräparate ein sehr hoher ist. Er beträgt in der Gewichtseinheit ungefähr neunmal so viel wie der von Eiern, weil Wasser und andere natürliche Zugaben fehlen. Die technischen Eiweißpräparate enthalten bis zu 90 % reines Eiweiß. Man könnte mit ihnen Vorratskammern für die Volksernährung füllen, die an Kalorienzahl und Haltbarkeit alles Gefrierfleisch und alle Getreidespeicher weit übertreffen würde.

Die Nährmittelindustrie ist sich dieses vorgeschrittenen, mit großem Aufwand an Arbeit und Scharfsinn errungenen Standpunktes wohl bewußt. Trotzdem hat sie im Sinne der Volksernährung keinen Erfolg gehabt. Man braucht die Nährpräparate wegen ihrer Leichtverdaulichkeit oder anderer medizinisch günstiger Eigenschaften bei der Krankenpflege. Im übrigen aber sind sie sehr unpopulär, und es wird daher nur ein kleiner Teil der vorhandenen Rohstoffe auf Nährpräparate verarbeitet. Das übrige geht nach wie vor verloren. Man steht also vor der merkwürdigen Erscheinung, daß ungezählte Kalorien nicht ausgenutzt werden, weil die Menschen sich nicht zu den neuartigen Speisen bekehren wollen.

Der Grund hierfür ist nicht, wie man vermuten könnte, der schlechte Geschmack. Die meisten Eiweißpräparate schmecken indifferent und würden bei geschickter Verwendung in der Küche keine Beanstandung finden, besonders nicht in Fällen der Not, bei Märschen, Streiks oder Kriegen. Wenn z. B., wie es vor kurzem der Fall war, London infolge Kohlestreiks vor einer Hungersnot steht, oder wenn man sich den Kopf darüber zerbricht, wie man Deutschland ernährt, wenn der Feind die Korn- und Fleischzufuhr unterbindet, so würden alle diese Notstände wesentlich durch Erbauung von Arsenalen verringert werden, in denen sich Eiweißstoffe befänden. Die Bevölkerung wäre gewiß nicht abgeneigt, etwa die Hälfte der gewohnten Fleischrationen wenigstens zeitweise durch Troponsuppen oder derartiges zu ersetzen. Daß man derartige Surrogate als solche keineswegs zurückweisen würde, lehrt die Geschichte der Margarine, der Zichorie, des Malzkaffees. Das sind Ersatzstoffe und keine Delikatessen, und dennoch verzehrt man sie in Riesenquantitäten.

Es muß also der Mißerfolg der Nährmittelindustrie bei ihrer unzweifelhaften inneren Berechtigung an etwas anderem liegen, und das ist die Preisfrage. Das Kilo reines Eiweiß zahlt man in den verschiedenen Präparaten mit 4,45 bis 122 M. Dazwischen liegt eine ganze Reihe von Abstufungen [1]). Die Preise sind bei manchen Produkten wahrscheinlich deshalb so hoch, weil die Fabrikation, deren Einzelheiten geheimgehalten werden, schwierig ist und sich trotzdem wegen gewisser therapeutischer Vorzüge der Ware lohnt. In andern Fällen aber ist der Einstandspreis gering, und nach dem Urteil von Lichtenfelt ist es da im wesentlichen nur der Zwischenhandel, welcher die Produkte derartig verteuert, daß sie als Volksnahrungsmittel nicht in Betracht kommen.

Es wäre demnach wohl möglich, dem Schreckgespenst von Malthus und der Gefahr des abnehmenden Bodenertrages in wirkungsvollerer Weise zu begegnen als bisher, wenn man sich die neueste chemische Industrie der Nährstoffe mehr zunutze machte. Man kann sich also des Eindrucks nicht erwehren, daß diese Spezialindustrie nicht richtig gewertet wird, daß sie zu den Erscheinungen gehört, die jedermann kennt, ohne sie richtig zu erkennen. Zu verwundern ist das nicht. Mit der Kunstdüngerindustrie ging es geradeso; diese brauchte viele Jahrzehnte, um sich durchzusetzen, und auch das war nur möglich, weil überragende Persönlichkeiten sich dafür einsetzten, die man wohl herbeiwünschen, aber nicht herbeischaffen kann. Es ist darum notwendig, daß derartige Wirtschaftsprobleme von der Gesamtheit beobachtet und gefördert werden,

---

[1]) H. Lichtenfelt, in dem in Vorbereitung befindlichen Ergänzungswerk zu Muspratts Chemie, organischer Teil, herausgegeben von A. Binz.

damit sie nicht dem Zufall überlassen bleiben; und vor allem ist es Sache der Kaufleute, solcherlei Vorgänge durchzudenken und dann mit planvoller Initiative die Führung zu ergreifen. Hierfür das wissenschaftliche Rüstzeug zu liefern, das ist die Aufgabe der Handels-Hochschulen, und dazu möge auch die Handels-Hochschule Berlin im neuen Studienjahre das ihrige beitragen.

Kolibri 360 GmbH
Ferdinand-Jühlke-Straße 7
99095 Erfurt, Deutschland
produktsicherheit@kolibri360.de